NORMAS VANCOUVER
GUIA PARA ELABORAÇÃO
DE TRABALHOS ACADÊMICOS

Dados Internacionais de Catalogação na Publicação (CIP)
(Jeane Passos de Souza – CRB 8ª/6189)

Vieira, Ricardo Quintão
 Normas Vancouver: guia para elaboração de trabalhos acadêmicos / Ricardo Quintão Vieira, Maria Cristina Sanna. – São Paulo: Editora Senac São Paulo, 2016.

 Bibliografia.
 ISBN 978-85-396-1063-1

 1. Trabalhos acadêmicos – Normas 2. Referência bibliográfica – Normas I. Sanna, Maria Cristina. II. Título.

16-383s
 CDD-001.42
 BISAC SCI060000
 SCI043000

Índice para catálogo sistemático:
1. Normas Vancouver : Trabalhos acadêmicos 001.42

Ricardo Quintão Vieira
Maria Cristina Sanna

NORMAS VANCOUVER
GUIA PARA ELABORAÇÃO
DE TRABALHOS ACADÊMICOS

Editora Senac São Paulo – São Paulo – 2016

ADMINISTRAÇÃO REGIONAL DO SENAC NO ESTADO DE SÃO PAULO
Presidente do Conselho Regional: Abram Szajman
Diretor do Departamento Regional: Luiz Francisco de A. Salgado
Superintendente Universitário e de Desenvolvimento: Luiz Carlos Dourado

EDITORA SENAC SÃO PAULO
Conselho Editorial: Luiz Francisco de A. Salgado
                      Luiz Carlos Dourado
                      Darcio Sayad Maia
                      Lucila Mara Sbrana Sciotti
                      Jeane Passos de Souza

Gerente/Publisher: Jeane Passos de Souza (jpassos@sp.senac.br)

Coordenação Editorial: Márcia Cavalheiro Rodrigues de Almeida (mcavalhe@sp.senac.br)
Comercial: Marcelo Nogueira da Silva (marcelo.nsilva@sp.senac.br)
Administrativo: Luís Américo Tousi Botelho (luis.tbotelho@sp.senac.br)

Edição e Preparação de Texto: Ivone P. B. Groenitz
Revisão de Texto: Bianca Rocha, Gabriela L. Adami (coord.)
Projeto Gráfico e Editoração Eletrônica: Manuela Ribeiro
Capa: Manuela Ribeiro
Impressão e Acabamento: Gráfica e Editora Serrano Ltda.

Todos os direitos desta edição reservados à
Editora Senac São Paulo
Rua 24 de maio, 208 – 3º andar – Centro – CEP 01041-000
Caixa Postal 1120 – CEP 01032-970 – São Paulo – SP
Tel. (11) 2187-4450 – Fax (11) 2187-4486
E-mail: editora@sp.senac.br
Home page: http://www.editorasenacsp.com.br

© Editora Senac São Paulo, 2016

SUMÁRIO

NOTA DO EDITOR, 7

INTRODUÇÃO, 9

Estrutura geral de trabalho
acadêmico, 12

Apresentação geral do texto, 13

**ELEMENTOS
PRÉ-TEXTUAIS, 15**

Estruturas específicas, 16

Capa, 16

Folha de rosto, 18

Ficha catalográfica, 20

Errata, 22

Folha de aprovação, 24

Dedicatória, 26

Agradecimentos, 28

Epígrafe, 30

Resumo, 32

Abstract, 34

Resumen, 36

Lista de ilustrações, 38

Lista de tabelas, 40

Lista de abreviaturas e siglas, 42

Lista de símbolos, 44

Sumário, 46

**ELEMENTOS
TEXTUAIS, 49**

Títulos e subtítulos, 50

Notas de rodapé, 52

Siglas, 54

Equações e fórmulas, 56

Ilustrações, 58

Tabelas, 60

Citações, 62

ELEMENTOS
PÓS-TEXTUAIS, 67

Referências, 67

Texto, 67

Nome de autores, 69

Título de documentos, 70

Abreviatura de datas, 71

Artigo de periódico impresso, 71

Artigo de periódico exclusivamente
eletrônico, 73

Livro impresso, 75

Livro digital, 75

Capítulo de livro (impresso
e digital), 76

Trabalho impresso de congresso, 78

Trabalho digital de congresso, 79

Trabalho de conclusão de curso,
tese e dissertação impressos, 80

Trabalho de conclusão de curso,
tese e dissertação digitais, 81

Artigo de jornal impresso, 82

Artigo de jornal digital, 82

Página da internet, 83

Documentos legais impressos
e digitais, 84

Patente impressa e digital, 85

Manuscrito impresso e digital, 85

Carta impressa ou digitalizada, 87

E-mail, 87

Fotografia, 88

Audiovisual , 88

Glossário, 92

Apêndice, 94

Anexo, 96

CONSIDERAÇÕES FINAIS, 99

REFERÊNCIAS, 101

NOTA DO EDITOR

A norma Vancouver foi criada inicialmente por editores de revistas médicas em 1978, com o objetivo de estabelecer uma padronização específica para os textos acadêmicos e científicos, tratando principalmente da normatização dos textos da área da saúde.

Este guia tem como objetivo auxiliar na padronização de referências e citações baseada nas normas Vancouver, além de apresentar vários exemplos para facilitar a compreensão da aplicação da norma.

O Senac São Paulo traz este título para oferecer aos alunos de graduação e pós-graduação mais uma fonte de pesquisa com vários exemplos sobre referências e citações de documentos em textos de artigos para revistas médicas e trabalhos acadêmicos.

INTRODUÇÃO

O presente guia de elaboração de trabalhos acadêmicos tem o objetivo de informar, direcionar e formalizar trabalhos acadêmicos escritos por alunos de graduação e pós-graduação, *stricto sensu* e *lato sensu*, que tenham a necessidade de formatação padronizada utilizando a norma Vancouver. Ressalte-se que seu uso é livre por qualquer interessado.

A padronização de trabalhos acadêmicos permite:

- a criação de uma cultura acadêmica voltada para objetivos comuns no que se refere à comunicação científica;
- a organização do conhecimento produzido;
- a economia de esforços para a localização dos conteúdos, sua memorização e a correção de trabalhos;
- a boa comunicação entre docentes e discentes;
- a credibilidade dos produtos pelos pesquisadores de outras instituições de ensino.

Longe de pretender a abrangência completa de todos os aspectos ou atender a todas as necessidades de normatização de trabalhos científicos, este guia procura contribuir para a construção de um modelo ancorado em padrões nacionais e internacionais que contemplaram vários aspectos, de maneira a tentar suprir a necessidade de orientação nesse campo. Cada um dos aspectos tratados levou em conta normas específicas, porque a norma Vancouver, na verdade, trata principalmente da maneira de se elaborar referências e citar documentos no texto. Assim, para o presente guia, foram utilizadas as seguintes normas:

- para as formas de apresentação dos elementos pré-textuais, textuais e pós-textuais, foram empregadas as normas da Associação Brasileira de Normas Técnicas (ABNT), disponíveis em http://www.abnt.org.br/;
- para as formas de apresentação das referências bibliográficas e não bibliográficas, foram empregadas normas do *Citing Medicine*, mantido pelo Comitê Internacional de Editores de Revistas Médicas (ICMJE), disponível em http://www.icmje.org ou http://www.ncbi.nlm.nih.gov/books/NBK7256/.

A norma Vancouver foi criada inicialmente por editores de revistas médicas que se reuniram na cidade de Vancouver, no Canadá, em 1978, e padronizaram uma forma específica de grafia para evitar situações difíceis decorrentes da convivência com diferentes normatizações praticadas em cada país, pelo fato de a cultura de cada um deles ser diferente, mas todos consumirem relatórios de pesquisa publicados em todos esses países.

A partir de então, essa convenção passou a ser mantida pelo Comitê Internacional de Editores de Revistas Médicas, um pequeno grupo de editores de selecionadas organizações, que se juntaram para melhorar a qualidade da comunicação científica nas ciências da saúde.

O Brasil aderiu a essa convenção e, desde então, seus muitos órgãos de divulgação científica, principalmente os periódicos que se dedicam a disseminar a informação no campo clínico, passaram a exigir essa forma de apresentação. Outros periódicos escolheram se manter vinculados aos padrões emanados da ABNT, mas, como a maioria prefere a norma Vancouver, muitos ambientes acadêmicos mantêm essa exigência para todos os seus produtos, inclusive as produções de alunos de graduação.

No restante do mundo ocidental, a preferência pela norma Vancouver também prevaleceu e, assim, é mais fácil localizar, nos documentos, os metadados das referências que constam nos textos consultados, quando se tem familiaridade com essa norma.

Há quem considere a norma Vancouver mais simples porque não exige o uso de muitos sinais de pontuação, recursos gráficos como negrito e itálico, detalhamento da informação, como cidade-sede do periódico, e outros itens que, para atender à norma ABNT, requerem mais dedicação do autor. Além disso, essa última norma não é conhecida fora do Brasil, o que dificulta sua aceitação e compreensão em outros meios acadêmicos.

Acrescente-se a isso que, quando um autor da área de saúde escolhe a norma ABNT e depois deseja publicar em um periódico científico internacional, enfrenta dificuldades para refazer as citações e referências no modelo Vancouver.

A seguir, é possível apreciar um exemplo de referência de artigo de periódico em que se notam as diferenças entre as duas normas.

REFERÊNCIA DE UM ARTIGO DE PERIÓDICO CIENTÍFICO DE ACORDO COM AS NORMAS DA ABNT E DE VANCOUVER

Estrutura	Norma ABNT 6023	Norma Vancouver (*Citing Medicine*)
Nome do autor	MACINKO, J.; HARRIS, M.J.	Macinko J, Harris MJ.
Título do periódico	*New England Journal of Medicine*	N. Engl. j. med.
Imprenta	Boston, v. 372, n. 23, 4 jun. 2015, p. 2177-2181.	2015 jun. 4;372(23):2177-81.

Fonte: Original dos autores.

Assim, recomenda-se o uso deste guia para quem resolver trabalhar com a norma Vancouver desde o início da redação do texto.

O *Citing Medicine* é um recurso disponibilizado pelo ICMJE para enunciar a norma Vancouver. Ele sofre atualização periódica e é disponibilizado na rede mundial de computadores. Nele é possível encontrar regras e exemplos de referências de diferentes documentos, sejam escritos, eletrônicos ou iconográficos. Ele é apresentado na língua inglesa.

Para a construção dos exemplos deste guia, usou-se o *Citing Medicine*, ao qual se deu a interpretação que se julgou mais apropriada para a realidade brasileira. Neste guia, vários exemplos foram dados, e eles podem ser a representação real ou fictícia de documentos publicados. Também vários modelos serão apresentados, de forma a tornar compreensível a aplicação da norma.

A formatação gráfica desse guia não segue necessariamente a normatização proposta, por causa da necessidade de editoração e compreensão das partes descritas e exemplificadas e também porque não é um trabalho acadêmico, mas pode ajudar a quem precisa escrever trabalhos desse tipo.

ESTRUTURA GERAL DE TRABALHO ACADÊMICO

O trabalho acadêmico é composto pelas seguintes estruturas apresentadas nesta sequência:

Parte externa

- (*Capa*)*
- (*Lombada*)*

Parte interna

- (Elementos pré-textuais)
    - (Capa)
    - (Folha de rosto – anverso)
    - (Folha de rosto – verso ou Ficha catalográfica)
    - *ERRATA**
    - (Folha de aprovação)
    - (*Dedicatória*)*
    - (*Agradecimentos*)*
    - (*Epígrafe*)*
    - RESUMO
    - ABSTRACT
    - *RESUMEN**
    - *LISTA DE ILUSTRAÇÕES**
    - *LISTA DE TABELAS* *
    - *LISTA DE ABREVIATURAS E SIGLAS**
    - *LISTA DE SÍMBOLOS**
    - SUMÁRIO

- (Elementos textuais)
  - INTRODUÇÃO
  - DESENVOLVIMENTO
  - CONCLUSÃO
- (Elementos pós-textuais)
  - REFERÊNCIAS
  - *GLOSSÁRIO**
  - *APÊNDICE(S)**
  - *ANEXO(S)**

Compreenda os destaques:
- ✓ Os elementos que estão destacados dentro dos parênteses ( ) não devem ser escritos, ou seja, essas páginas não possuem título.
- ✓ Os elementos que estão com asteriscos são opcionais, ou seja, o pesquisador pode utilizá-los conforme a sua necessidade.
- ✓ Os elementos restantes são obrigatórios, ou seja, o pesquisador deve obrigatoriamente incluí-los na estrutura do seu trabalho acadêmico.

APRESENTAÇÃO GERAL DO TEXTO

- Para trabalhos impressos frente e verso, ou seja, com duas páginas por folha: no anverso, as margens superior e esquerda devem ter 3 cm, e as margens inferior e direita devem ter 2 cm; no verso, as margens superior e direita devem ter 3 cm, e as margens inferior e esquerda devem ter 2 cm.
- Para trabalhos impressos apenas no verso da página, ou seja, com uma página por folha: as margens superior e esquerda devem ter 3 cm, e as margens inferior e direita deverão ter 2 cm.
- A fonte a ser empregada deve ser Arial ou Times New Roman, tamanho 12, com exceção de citações longas, tabelas e quadros (ver capítulo "Elementos textuais").

- O espaçamento entre as linhas deve ser de 1,5 cm.
- Não utilizar negritos para destaques no texto.
- Utilizar itálicos apenas para palavras e expressões em outros idiomas.
- Evitar o uso de letras maiúsculas (caixa-alta).
- Evitar o uso excessivo de marcadores.
- Quanto mais simples é a formatação, mais fácil é a compreensão da mensagem; desse modo, recomenda-se evitar o uso de artes visuais e a aplicação de cores ou desenhos.
- A partir da introdução, a numeração das páginas deve ser inserida na parte superior da folha à direita, em algarismos arábicos e com a mesma fonte utilizada nos elementos textuais.
- Elementos pré-textuais: não inserir número de página até o sumário, porém essas páginas contam como páginas do trabalho. Não utilizar algarismos romanos para diferenciar.
- Elementos textuais: deixar a numeração visível.
- Elementos pós-textuais: deixar a numeração visível.

ELEMENTOS PRÉ-TEXTUAIS

ESTRUTURAS ESPECÍFICAS

CAPA
(elemento obrigatório)

a) Nome da instituição (opcional): utilizar o nome completo, evitando abreviações.
b) Título do trabalho.
c) Subtítulo (quando houver).
d) Nome completo do(s) autor(es), começando do prenome.
e) Local (cidade), ou o polo de EAD;
f) Ano de entrega do trabalho.

ELEMENTOS PRÉ-TEXTUAIS

Universidade Municipal de Belo Horizonte
Escola Padrão de Farmácia e Bioquímica

A influência dos ácidos graxos na prevenção de úlceras por pressão em idosos octagenários com desnutrição crônica

Regina Falc Osmind

Belo Horizonte
2015

MODELO

ELEMENTO
OBRIGATÓRIO

FOLHA DE ROSTO

(elemento obrigatório)

a) Nome completo do(s) autor(es), começando do prenome.
b) Título do trabalho.
c) Subtítulo (quando houver).
d) Tipo de trabalho (tese, dissertação, trabalho de conclusão de curso) e objetivo (aprovação em disciplina, obtenção de título e grau acadêmico pretendido, entre outros).
e) Orientador(es).
f) Local (cidade) da instituição ou polo de EAD.
g) Ano de entrega do trabalho.

ELEMENTOS PRÉ-TEXTUAIS

Regina Falc Osmind

A influência dos ácidos graxos na prevenção de úlceras por pressão em idosos octagenários com desnutrição crônica

Dissertação de Mestrado apresentada à
Escola Padrão de Farmácia e Bioquímica, da
Universidade Municipal de Belo Horizonte, como exigência parcial
para obtenção do título de
Mestre em Bioquímica Clínica
Orientador: Márcio Hulls

Belo Horizonte
2015

MODELO

ELEMENTO
OBRIGATÓRIO

FICHA CATALOGRÁFICA

(elemento obrigatório, impresso no verso da página que contém a folha de rosto)

A ficha catalográfica é um elemento pré-textual que exibe, em forma de metadados, as informações necessárias para a catalogação e a recuperação de informações em bibliotecas físicas e virtuais. Por convenção, a ficha tem as medidas de 7,5 cm (altura) x 12,5 cm (largura). Pode ser confeccionada em tamanho de fonte inferior ao texto.

Para a confecção da ficha catalográfica, é necessário ter os seguintes dados:

- Número de autor (tabela PHA ou Cutter): é um dado fornecido por um bibliotecário e não é obrigatório.
- Nome completo do autor.
- Título do trabalho (e subtítulo, se houver).
- Cidade de defesa do trabalho.
- Nome do campus.
- Ano de finalização do trabalho.
- Número de páginas.
- Se possui ilustrações (gráficos, imagens, etc.).
- Se é colorido.
- Se possui anexos (CDs, manuais avulsos, etc.).
- Nome completo do orientador.
- Nome do programa de pós-graduação.
- Descritores do resumo em português, oriundos de tesauros controlados ou palavras-chave quando não os houver.
- Número de classificação de assunto (CDU ou CDD): é um dado fornecido por um bibliotecário e não é obrigatório.

ELEMENTOS PRÉ-TEXTUAIS

S586d Silva, Heldred Finch

Confecção de brinquedos maleáveis para interação entre pais e filhos numa institucional de assistência a crianças com deficiência física. / Heldred Finch Silva. – Belém: Universidade Brás Cubas, 2015.
89p.;il.color.

Possui um CD-ROM.

Orientadora: Márcia Robik Lamia.

Dissertação (Mestrado em Terapia Ocupacional), Universidade Brás Cubas, Campus Belém, 2015.

1. Reabilitação 2. Pessoas com Deficiência 3. Jogos e Brinquedos I. Lamia, Márcia Robik (orient.) II. Título

CDD 615.85

MODELO

ELEMENTO
OBRIGATÓRIO

ERRATA

(elemento opcional)

É um documento simples que foi criado para corrigir todos os tipos de erros da forma final já impressa que são elencados como também corrigidos em uma página impressa e anexada à publicação.

ELEMENTOS PRÉ-TEXTUAIS

ERRATA

Folha		Linha		Onde se lê	Leia-se
19	–	31	–	fonoadiólogo	fonoaudiólogo
45	–	13	–	cromassomo	cromossomo

MODELO

ELEMENTO
OPCIONAL

FOLHA DE APROVAÇÃO

(elemento obrigatório)

a) Nome completo do autor.
b) Título do trabalho (e subtítulo, se houver).
c) Tipo de trabalho (tese, dissertação, trabalho de conclusão de curso) e objetivo (aprovação em disciplina, grau acadêmico pretendido, entre outros).
d) Nome completo do orientador.
e) Descrição da banca, com data de aprovação.
f) Nome dos componentes da banca, com espaço para assinatura.

ELEMENTOS PRÉ-TEXTUAIS

Racquel Diminov Fierro

Controle de diurese em transportes de longa distância: impactos biofísicos em amostras laboratoriais de adultos

Tese de Doutorado apresentada à Escola Paracelsus de Farmácia, da Universidade Municipal de Manaus, como exigência parcial para a obtenção do título de Mestre em Farmácia
Orientador: Joseph Street

Na cidade de Manaus, em 2 de junho de 2015, por meio de sessão pública e aberta, a Banca Examinadora considerou o presente candidato aprovado.
1- Examinador(a): Dr. Celso Frange. Assinatura: _____
2- Examinador(a): Profa. Dra. Adriana Costa Santos. Assinatura: _____

1- Presidente: Dra. Poliana Macedo. Assinatura: _____

MODELO

ELEMENTO
OBRIGATÓRIO

DEDICATÓRIA

(elemento opcional)

O autor pode dedicar o trabalho a pessoas (família, profissionais, professores) e/ou instituições (profissionais, educacionais, de saúde, etc.), com citação de nomes completos. Recomenda-se que seja breve e objetivo. Não utilizar negrito, itálico ou letras maiúsculas.

ELEMENTOS PRÉ-TEXTUAIS

Aos meus pais, mestres e colegas de profissão, para que reflitam sobre o valor do conhecimento.

MODELO

ELEMENTO
OPCIONAL

AGRADECIMENTOS

(elemento opcional)

Nesta seção, o autor descreve as contribuições de professores, profissionais, colegas e outros colaboradores para a elaboração do trabalho, com citação de nomes completos e detalhamento das contribuições recebidas. Pode ser mais extenso, mas não deve exceder uma lauda. Não utilizar negrito, itálico ou letras maiúsculas.

ELEMENTOS PRÉ-TEXTUAIS

Aos pacientes sujeitos da pesquisa, que generosamente dedicaram seu tempo para me fornecerem seus dados.
Ao meu orientador, pela condução segura no caminho de construção desta tese.
Aos alunos que colaboraram na coleta de dados.
Aos colegas do grupo de pesquisa, pelas valiosas contribuições para a discussão dos resultados.
À Coordenação de Aperfeiçoamento de Pessoal de Nível Superior – Capes, pelo apoio financeiro concedido sob a forma de bolsa de estudos.

MODELO

ELEMENTO
OPCIONAL

EPÍGRAFE

(elemento opcional)

Provérbio ou citação de alguma frase ou período atribuído a algum autor, que representa um valor significativo para o entendimento da pesquisa que vai ser apresentada. Não é necessário fazer a referência bibliográfica, mas recomenda-se colocar o nome do autor após a citação. Não utilizar negrito, sublinhado ou itálico, nem aumentar o tamanho da fonte.

ELEMENTOS PRÉ-TEXTUAIS

Triste época! É mais fácil desintegrar um átomo do que um preconceito.
Albert Einstein

MODELO

ELEMENTO
OPCIONAL

RESUMO

(elemento obrigatório)

Deve-se utilizar o verbo na voz ativa e na terceira pessoa do singular. Um bom resumo contém todas as etapas da pesquisa: introdução, objetivos, método, resultados e conclusão. Deve conter de 150 a 500 palavras, em parágrafo único e justificado.

ELEMENTOS PRÉ-TEXTUAIS

RESUMO

Introdução: A prescrição de enfermagem faz parte da gestão do cuidado, importante para orientar a equipe de enfermagem na condução de assistência segura, humanizada e científica ao paciente. Objetivo: analisar as primeiras experiências de prescrição de enfermagem em âmbito internacional, de 1973 a 2015. Método: pesquisa histórico-descritiva, mediante revisão de literatura em periódicos da base PubMed. Resultados: os artigos indicaram a existência da prescrição médica, também chamada de "prescrição dos cuidados do paciente", termo que excluía a enfermagem. Como resposta, a prescrição de enfermagem americana surgiu no contexto hospitalar e domiciliar para manter a independência de sua própria avaliação, ainda que houvesse resistência interna. A implantação da prescrição iniciava-se pelos comitês, treinamento, incluindo a modificação dos prontuários e a criação dos instrumentos de avaliação. Os primeiros resultados foram desanimadores por causa das anotações superficiais ou estereotipadas e da subutilização do plano de enfermagem. Conclusão: as primeiras prescrições foram orientadas menos para a questão política e mais para a qualidade da anotação do raciocínio clínico em planos de enfermagem mais bem elaborados.

Descritores: Prescrição de enfermagem. Prescrição clínica. Pesquisa em administração de enfermagem. Pesquisa em avaliação de enfermagem.

MODELO

ELEMENTO
OBRIGATÓRIO

ABSTRACT

(elemento obrigatório)

A tradução para a língua inglesa deve ter os mesmos padrões estruturais e o mesmo conteúdo do resumo em língua portuguesa, contendo todas as etapas da pesquisa: introdução, objetivos, método, resultados e conclusão. Deve conter de 150 a 500 palavras, em parágrafo único e justificado.

ELEMENTOS PRÉ-TEXTUAIS

ABSTRACT

Introduction: The Nursing Prescription is part of the care management. It's important to guide the nursing staff in conducting safe, humane and scientific assistance to patient. Objective: to analyze the first experiences of international nursing prescriptions in the period from 1973 to 2015. Method: historical research with descriptive literature review in PubMed journals. Results: the articles indicated the existence of medical prescriptions, also called "prescriptions of patient care", a term that excluded the nursing care. In response, the American nursing prescriptions emerged in hospital and home care as a way to maintain the independence of their own assessment, despite the internal resistance. The implementation of the prescriptions have been initiated by the committees, training, including the modification of the records and the creation of the assessment tools. The first results were disappointing due to superficial or stereotyped notes and the underutilization of the nursing plan. Conclusion: the first prescriptions were less based on the policy issue and more intended to approach the quality of recording the clinical reasoning in better prepared nursing plans.

Descriptors: Nursing prescriptions. Clinical prescriptions. Nursing administration research. Nursing evaluation research.

MODELO

ELEMENTO
OBRIGATÓRIO

RESUMEN

(elemento opcional)

A tradução para a língua espanhola deve ter os mesmos padrões estruturais e o mesmo conteúdo do resumo em língua portuguesa, contendo todas as etapas da pesquisa: introdução, objetivos, método, resultados e conclusão. Deve conter de 150 a 500 palavras, em parágrafo único e justificado.

ELEMENTOS PRÉ-TEXTUAIS

RESUMEN

Introducción: La prescripción de enfermería es parte de la gestión del cuidado, ayuda a orientar al personal de enfermería en la realización de una atención segura, humana y científica alpaciente. Objetivo: analizar las primeras experiencias de prescripción de enfermería a nivel internacional, de 1973 a 2015. Método: investigación histórica y descriptiva, a través de una revisión bibliográfica en revistas de PubMed. Resultados: los artículos indicaron la existencia de prescripción médica, también llamada "prescripción de la atención al paciente", un término que excluía la Enfermería. En respuesta, la prescripción de enfermería americana surgió en la atención hospitalaria para mantener la independencia en su propia evaluación, aunque hubo resistencia interna. La ejecución de la prescripción fue iniciada por los comités, la capacitación, incluida la modificación de los registros y la creación de instrumentos de evaluación. Los primeros resultados fueron decepcionantes debido a las anotaciones superficiales o estereotipadas y a la subutilización del plan de enfermería. Conclusión: las primeras prescripciones eran menos orientadas a la cuestión política y más a la calidad de la anotación del razonamiento clínico en planes de enfermería mejor preparados.

Descriptores: Prescripción de enfermería. Prescripción clínica. Investigación en administración de enfermería. Investigación en evaluación de enfermería.

MODELO

ELEMENTO
OPCIONAL

LISTA DE ILUSTRAÇÕES

(elemento opcional)

Uma lista de ilustrações apresenta as informações objetivas seguindo esta ordem:

a) Tipo de ilustração (gráfico, imagem, fotografia, quadro, desenho, etc.).

b) Número da ilustração.

c) Título da ilustração.

d) Página correspondente.

A entrada das ilustrações deve esgotar cada tipo por vez. Exemplo: todos os gráficos, depois todas as imagens, depois todas as fotografias, etc.

ELEMENTOS PRÉ-TEXTUAIS

LISTA DE ILUSTRAÇÕES

Figura 1 – Estrutura biomolecular de antígenos bacterianos............................65
Figura 2 – Ação do oxigênio sobre as bactérias anaeróbicas.......................111

Gráfico 1 – Infecções por estreptococos em cavidade bucal............................45
Gráfico 2 – Crescimento bacteriológico em estufa seca....................................68

Quadro 1 – Tempo de crescimento de cepas após a esterilização......................34
Quadro 2 – Deterioração da parede celular após o contato com o iodo...............58

MODELO

ELEMENTO
OPCIONAL

LISTA DE TABELAS

(elemento opcional)

Uma lista de tabelas apresenta as informações objetivas da seguinte forma:
a) Número da tabela.
b) Título da tabela.
c) Página correspondente.

ELEMENTOS PRÉ-TEXTUAIS

LISTA DE TABELAS

1 – Refluxo de dieta da gastrostomia ao longo do tempo............................37
2 – Sinais e sintomas de desconforto após a gavagem.............................80
3 – Diarreia conforme a temperatura da dieta na gavagem........................96

MODELO

ELEMENTO
OPCIONAL

LISTA DE ABREVIATURAS E SIGLAS

(elemento opcional)

As siglas e abreviaturas devem ser descritas em ordem alfabética de apresentação, com a finalidade de facilitar o entendimento do seu conteúdo pelo leitor.

ELEMENTOS PRÉ-TEXTUAIS

LISTA DE ABREVIATURAS E SIGLAS

CRN – Conselho Regional de Nutrição
DM – *Diabetes mellitus*
IMC – Índice de Massa Corporal
OMS – Organização Mundial da Saúde

MODELO

ELEMENTO
OPCIONAL

LISTA DE SÍMBOLOS

(elemento opcional)

A inserção de símbolos deve ser cuidadosamente verificada e descrita.

ELEMENTOS PRÉ-TEXTUAIS

LISTA DE SÍMBOLOS

mL – mililitro
MVO_2 – consumo de oxigênio pelo miocárdio
NF – néfron
^PUF – pressão de ultrafiltração
$^TM_{glicose}$ – capacidade máxima de reabsorção da glicose

MODELO

ELEMENTO
OPCIONAL

SUMÁRIO

(elemento obrigatório)

O sumário é a descrição dos elementos textuais e pós-textuais. Os elementos pré-textuais não são descritos nesta seção nem em qualquer outra.

O sumário é formado por seções e subseções, conforme a numeração descrita:

- nas seções, representadas por números inteiros (1, 2, 3...), utilizar letras maiúsculas;
- nas subseções, representadas por números decimais (1.2, 2.1.5, 3.7.3...), utilizar letras minúsculas.

Pode-se utilizar a formatação do Word para ajudar na criação do sumário automático.

ELEMENTOS PRÉ-TEXTUAIS

SUMÁRIO

1 INTRODUÇÃO...14
1.1 Revisão de literatura...15
1.2 Justificativa de pesquisa...18
1.3 Problema de pesquisa...19
1.4 Questões de pesquisa...22
2 OBJETIVOS...23
2.1 Objetivo geral..23
2.2 Objetivos específicos..23
3 Métodos e instrumentos..24
3.1 Tipo de pesquisa...24
3.2 Critérios de inclusão..27
3.3 Critérios de exclusão...29
3.4 Coleta de dados...31
3.5 Processamento de dados..36
3.6 Análise e apresentação de dados...40
3.6.1 Tipos de gráficos..42
3.6.2 Variações das tabelas..45
4 RESULTADOS..46
4.1 Dados gerais das fontes de pesquisas...48
4.1.1 Resultados quantitativos..58
4.1.2 Resultados qualitativos..75
4.2 Análise de dados...84
5 CONCLUSÃO...91
6 CONSIDERAÇÕES FINAIS...96
REFERÊNCIAS...99
APÊNDICE...110
ANEXO...113

MODELO

ELEMENTO
OBRIGATÓRIO

ELEMENTOS TEXTUAIS

TÍTULOS E SUBTÍTULOS

Os títulos e subtítulos seguem a mesma formatação do texto comum:

- Não utilizar negrito, sublinhado, itálico ou cor diferente do texto.
- Deve haver dois espaços entre o texto e um novo título ou a subseção seguinte.
- Deve haver um espaço entre o título e o novo subtítulo ou o novo texto seguinte.
- Recomenda-se que títulos com numeração inteira (1, 2, 3...) iniciem em uma nova página.
- O ponto separa apenas os números, sendo proibido o uso para separar o número do início do texto do título, do subtítulo ou da seção.
- Os títulos dos elementos pós-textuais (referências, glossário, apêndice e anexo) nunca são antecedidos por números.

ELEMENTOS TEXTUAIS

3 INTRODUÇÃO
(um espaço)
3.1 Revisão da literatura
(um espaço)
    Para a presente pesquisa, escolheu-se investigar a literatura científica sobre o objeto seguindo um método de busca que agregou palavras-chave, combinadores boolianos e truncamento com caracteres curingas.
(dois espaços)

4 MÉTODO
(um espaço)
4.1 População
(um espaço)
    Foram eleitos idosos acima de 80 anos com as seguintes características: acamados há um mês, do sexo masculino...
(dois espaços)

4.2 Instrumentos de avaliação
(um espaço)
    Após investigações criteriosas da literatura nacional e internacional sobre o tema, foram escolhidas três escalas numéricas...

MODELO

NOTAS DE RODAPÉ

Representam informações indicativas do autor sobre uma parte específica do texto. Para o presente guia, recomenda-se utilizar apenas observações e comentários, que podem ser acompanhados ou não de citação. Não é necessário fazer referências dentro de notas de rodapé. O texto tem espaçamento simples, alinhado à esquerda, e a fonte deve ser de tamanho 10. Para diferenciar os indicativos de citações, utilize algarismos arábicos (1, 2, 3...). Também podem ser utilizados símbolos (*, ¥, β), mas recomenda-se utilizar caracteres de sequência lógica, tais como as letras do alfabeto (a, b, c...) ou os algarismos romanos em letras minúsculas (i, ii, iii...) ou maiúsculas (I, II, III...).

A odontologia pediátrica é o ramo da odontologia destinado ao cuidado bucal de crianças[a].

---

[a] Alguns autores permitem o estabelecimento de limites entre a odontologia pediátrica e a odontologia do adulto por meio de critérios de faixa etária, que podem divergir conforme a linha de pesquisa, a cultura e o limite geográfico[18-26].

MODELO

SIGLAS

O primeiro aparecimento de determinada sigla ou abreviatura no texto deve ser seguido imediatamente de sua descrição integral. Os aparecimentos seguintes serão apenas em formato abreviado.

Há muitos anos, a EAB (Escola Alagoana de Biomedicina) era conhecida como Departamento de Biomedicina da EAM (Escola Alagoana de Medicina) por causa da sua aproximação administrativa. Atualmente, a EAB possui mais independência em relação à EAM para assuntos administrativos e acadêmicos.

MODELO

EQUAÇÕES E FÓRMULAS

As descrições em linguagem matemática seguem um padrão próprio de apresentação, a partir dos seguintes elementos, a serem grafados na mesma linha:

- Fórmula.
- Indicação numérica entre parênteses.

O cálculo de dimensionamento de pessoal de enfermagem é constituído de equações matemáticas, entre elas:

$$KM_{UI} = DSxIST/JST \qquad (1)$$
$$QP_{UI} = THExKM_{UI} \qquad (2)$$

A Constante de Marinho (KM) é um número fixo que depende do Índice de Segurança Técnica, que deve ser avaliado pelo enfermeiro para calcular o total de horas de enfermagem.

ILUSTRAÇÕES

São recursos visuais citados ou criados pelo autor na forma de desenhos, esquemas, fluxogramas, fotografias, gráficos, mapas (geográficos e/ou conceituais), organogramas, plantas, quadros, retratos, etc.

Deve-se inserir uma ilustração imediatamente após sua citação no texto e antes de sua descrição textual. Também deve-se inserir uma linha vazia, antes e depois do texto, para o conjunto da ilustração (imagem + título + referência).

Cada ilustração deve ocupar uma linha diferente e duas delas jamais devem ser pareadas lado a lado. Cada ilustração deve apresentar um título que lhe corresponda. Para ilustrações que demonstrem "o antes e o depois", recomenda-se criar uma imagem conjugada, com apenas um título.

O título e a referência da ilustração devem vir na parte inferior à imagem, com tamanho de fonte menor que o texto, alinhados à esquerda, sem espaçamento entre o título e a imagem. É necessário atentar para a qualidade, o tamanho e a orientação da imagem, para não ultrapassar os limites das margens e não prejudicar a resolução ou alterar as proporções.

Por conta do deslocamento das imagens durante a digitação, não se deve separar título, ilustração e referência em páginas diferentes.

Após a inserção da ilustração, é necessário indicar sua origem conforme os seguintes casos:

- para as ilustrações de outros documentos ou autores, deve-se indicar a referência completa, com a página de extração da informação, incluindo o link da internet;
- para ilustração inédita, ou seja, criada para o trabalho, a fonte deve ser referenciada da seguinte maneira: "Original do autor".

Desse modo, toda ilustração terá um título e uma referência (ainda que autocitada).

ELEMENTOS TEXTUAIS

A construção pavilhonar é preferível ao modelo de edificação por andares, uma vez que propicia ventilação natural na medida certa e provê conforto térmico, conforme demonstrado na Figura 2.
(um espaço)

Figura 2 – Asa do Hospital Necker de Paris.
Fonte: Nightingale F. Notes on Hospitals. Londres: Longman, Green, Longman, Roberts and Green; 1863. p. 60.

(dois espaços)

No mercado de produtos médico-hospitalares, novas seringas podem apresentar um dispositivo de travamento da agulha que facilita o seu manuseio, protegendo o profissional de saúde no momento de aplicar medicamentos injetáveis, como pode ser observado na Figura 21.

Figura 21 – Detalhamento da técnica de travamento da seringa.
Fonte: Original do autor.

MODELO

TABELAS

Como elementos informativos, as tabelas são diferentes das ilustrações, pois são compostas de dados numéricos organizados de acordo com variáveis, categorias e funções.

Como elementos textuais, seguem as mesmas recomendações das ilustrações. As fontes para expressar os dados contidos na tabela não devem ultrapassar o limite de tamanho 11.

A tabela deve apresentar os seguintes elementos: título, quadro de números e referência (mesmo que autocitada).

Se a tabela for maior que a altura da página do texto, é possível dividi-la em partes, repetindo os cabeçalhos em cada página.

ELEMENTOS TEXTUAIS

Por meio do Tesauro Preliminar do Ministério da Saúde, as palavras--chave (Termos simples) foram categorizadas em "Termos gerais", permitindo a abrangência da compreensão temática dos autores em relação às suas pesquisas. Após utilização desse vocabulário controlado, foi possível analisar 97 (45,8%) termos simples, sendo 46 (51,7%) diferentes, resultando em 226 termos gerais, destes, 56 diferentes. Cada termo simples pode gerar um ou mais termos gerais simultâneos, como se pode observar na Tabela 2.

Tabela 2 – Termos gerais coletados a partir de palavras-chave em artigos relacionados com a História Oral na Enfermagem, 1997-2012

Termos gerais	Nº	%
Intervenções clínicas	38	16,8
Ciências da saúde	32	14,2
Educação na saúde	27	11,9
Planos e projetos nacionais	27	11,9
Gestão do trabalho e da educação em saúde	12	5,3
Ciências sociais em saúde	9	4,0
Vigilância sanitária	7	3,1
Assistência social para idoso	6	2,7
Trabalhos científicos	6	2,7
Corpo docente em serviços de saúde	3	1,3
Doenças de notificação compulsória	3	1,3
Doenças renais	3	1,3
Programas de saúde	3	1,3
Demais termos gerais	50	22,1
Total	226	100,0

Fonte: Original do autor.

MODELO

CITAÇÕES

A citação é uma extração explícita ou implícita de um texto, ilustração ou tabela de outro documento já publicado ou disponibilizado à sociedade, que contribui para a definição de termos, a construção de novos textos, o diálogo entre autores e a concordância ou refutação de ideias e achados.

As fontes impressas ou digitais que servem para extrações de dados e para as citações podem ser dicionários, atlas, glossários, mapas, enciclopédias, livros, periódicos, teses, dissertações, trabalhos de congressos, diapositivos (slides), apostilas, relatórios, atas de reuniões, documentos de arquivos, letras de músicas, outras literaturas, registros gravados (audiovisual), CD-ROMs e páginas da internet, entre outros.

Como a citação é o produto intelectual de uma pessoa, sociedade, instituição ou empresa, ela deve ser acompanhada de indicação numérica, que, por sua vez, é descrita na seção de REFERÊNCIAS nos elementos pós-textuais. Qualquer conceito simples, dado numérico, reflexão ou teoria é passível de citação.

Desde a seção da INTRODUÇÃO até a de RESULTADOS, as ideias apresentadas devem ser sustentadas por outros referenciais, já que a cultura científica indica que uma ideia em via de construção é baseada no conjunto analisado de outras ideias anteriores, recentes ou antigas (históricas). Seguindo esse mesmo raciocínio filosófico, um trabalho recém-defendido e publicado entrará no círculo cultural do conhecimento registrado, com potencial de ser citado pelas gerações futuras.

Tradicionalmente, na área de saúde, não há citações nas seções de CONCLUSÕES e CONSIDERAÇÕES FINAIS, que são reservadas para a sumarização dos achados e as reflexões finais e fundamentais da pesquisa, quando o autor tem a liberdade de fazer inferências e reflexões sobre seus próprios achados e apontar limites e possibilidades do estudo.

Nos relatórios de pesquisa, há dois tipos de citações:

- As citações indiretas, em que o conteúdo é modificado pelo pesquisador, mantendo-se a ideia central. Nesse caso, não se usam aspas. Esse recurso é muito utilizado em citações que foram traduzidas pelo autor, por escolha ou por falta de opção no idioma local.

ELEMENTOS TEXTUAIS

- As citações diretas, em que o conteúdo é transcrito literalmente, sem qualquer modificação por parte do pesquisador. Usam-se aspas para separar a construção do autor citado. Sua apresentação no texto dá-se da seguinte forma:

✓ Uso de frase integral
Exemplo: "A gravidez de risco deve ser preocupação da saúde pública, devido ao alto índice de mortalidade materna."[3]

✓ Uso de frase parcial com corte inicial
Exemplo: No Brasil, há uma preocupação dos médicos obstetras com a gravidez de risco, pois há "[...] alto índice de mortalidade materna".[3]

✓ Uso de frase parcial com corte final
Exemplo: "A gravidez de risco deve ser preocupação da saúde pública [...]"[3] reflete-se timidamente nos currículos dos cursos de graduação em medicina, em especial na disciplina de obstetrícia e na ginecologia.

✓ Uso de frase parcial com corte inicial e final
Exemplo: Ao acessar os documentos da década de 1980 do Ministério da Saúde sobre a Saúde da Mulher, notou-se que a gestante de risco deveria ser considerada "[...] preocupação da saúde pública [...]"[3], o que não se concretizou devido aos recursos destinados pelo governo federal, na época, ao se analisar os balanços de contas dos programas sociais.

✓ Citações longas
Quando o trecho a ser reproduzido ultrapassa quatro linhas, não há necessidade de aspas, porém uma formatação especial deve ser aplicada: recuo da margem esquerda de 4 cm, espaçamento simples e tamanho de fonte 10. Exemplo:

> [...] a atividade humana consciente pressupõe a existência do planejamento, que precede a execução de

qualquer atividade. Ao fim de cada tarefa é realizada uma avaliação dos resultados, que irá subsidiar o recomeço do processo, remetendo-o à coleta de dados – ponto de partida de um novo planejamento. Nessa perspectiva, a avaliação é entendida não como o final de uma cadeia linear de ações e sim como elo que liga o presente, o passado e o futuro [...][34]

✓ Citação de citação (*apud*)

Envolve dois documentos distintos:

- documento raro ou ao qual não se teve acesso;
- documento que utilizou o documento raro no trabalho (que será a referência).

Entre o documento raro e o documento conseguido (que citou o raro), emprega-se a expressão *apud* (citado por), da seguinte maneira:

(Autor do documento raro) *apud* (autor que utilizou o documento raro) *número da referência*

Exemplo: Em seus achados epidemiológicos sobre o tabaco, em 1974, Rocha *apud* Maciel descreve o risco das mulheres e dos jovens como "[...] de menor importância para a Medicina [...]"[54], corroborando com o estudo de Silva *apud* Weiss, realizado em 1969, em relação aos riscos por faixa etária, que descreve que "os jovens são mais propensos à censura, por isso obedecem mais aos adultos."[55]

Desse modo, Rocha e Silva foram inacessíveis para consulta, enquanto Maciel e Weiss foram acessados e, dentro de seus trabalhos, havia as referências dos primeiros autores. No final do documento, na seção REFERÊNCIAS, se deve fazer a indicação dos documentos realmente consultados, ou seja, Maciel[54] e Weiss[55].

Identificação numérica da citação

O número da citação deve ser disposto junto à palavra, antes do ponto final, com exceção das frases copiadas e que são grafadas entre aspas, como nos exemplos a seguir:

Citação indireta: O soro fisiológico mantém a integridade da membrana plasmática das hemácias[42].

Citação direta: "O soro fisiológico mantém a integridade da membrana plasmática das hemácias."[42]

ELEMENTOS PÓS-TEXTUAIS

REFERÊNCIAS

As referências são as fontes de informações, publicadas ou não, que podem ser conhecidas, recuperadas e consultadas pelos leitores. Para que possam ser recuperadas, é necessário que apresentem dados completos e verídicos de autoria, título da obra, dados de publicação (volume, número, editora), paginação (quando requisitada), links de acesso virtual e locais de arquivamento (quando manuscritos ou não publicados). Referências mal descritas, incompletas e incoerentes demonstram pouco zelo à memória dos autores pesquisados ou citados no trabalho, além de dificultarem análises métricas futuras.

Devem ser inseridas apenas as referências que foram citadas no texto do trabalho, de forma direta ou indireta. Atualmente, não se utilizam mais referências "complementares" que não foram mencionadas no texto.

TEXTO

- Não utilizar formatação em itálico, negrito ou sublinhado, sequer para fazer destaques.

- Não utilizar marcadores de parágrafos ou estrutura de tópicos, porque perde-se a formatação. O melhor é digitar todos os números das referências.
- Fazer a seguinte formatação de parágrafo:

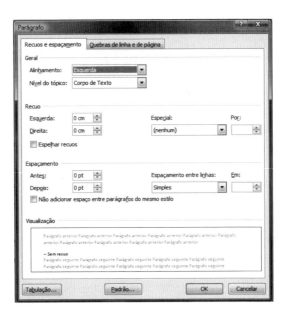

- ✓ Arial ou Times New Roman.
- ✓ Tamanho 12.
- ✓ Sem recuo.
- ✓ Alinhamento à esquerda (não justificar).
- ✓ Não inserir espaçamento entre linhas.
- ✓ Entre as referências, inserir um espaço simples.

- Não utilizar informações complementares para detalhar as referências, tais como edição, qualificativo de autor (org. – organizador; dr. – doutor; etc.) e tradutor da obra.
- Não separar as referências por seção ou por tipo documental. Referências incomuns, como objetos concretos e documentos não publicados (de arquivos administrativos), devem ser listadas com as demais referências.

- Indicar o número de páginas para capítulos de livros, artigos de periódicos, trabalhos de conclusão de curso, dissertações e teses.
- Links de referências devem ser testados antes da entrega do texto final.
- O uso da expressão [citado Ano Mês abreviado Dia] destina-se a informar a data da consulta à página da internet pelo pesquisador, e não a data indicada na página.
- A ordem de disposição das referências é de acordo com o aparecimento no texto, chamada também de citação numérica. Portanto, não utilize o formato de ordem alfabética nesta seção.

NOME DE AUTORES

Ao descrever os nomes dos autores, deve-se utilizar o sistema de inversão de sobrenome e nome para a maioria das referências, conforme a seguir:

Regra geral:
- Nomes por extenso:
  Patrícia Almeida Cardoso Pereira, Rodrigo Ferreira Shuben, Mayara Aileen.
- Nomes formatados:
  Pereira PAC, Shuben RF, Aileen M

Regras especiais:
- Sobrenomes separados por hífen:
  Carlos Silva Macia-Chapulas, Solange Villa-Lobos, Débora Teixeira Min-Yashi
  Macia-Chapulas CS, Villa-Lobos S, Min-Yashi DT.
- Nomes com indicação de parentesco:
  Bianca Zelia Sobrinho, Silvio Quirino Junior, Pedro Augusto Filho, Felipe Alves Barbalho II.
  Zelia Sobrinho B, Quirino Junior S, Augusto Filho P, Barbalho II FA.

Nomes estrangeiros:
- Espanhóis: fazer a inversão pelo penúltimo sobrenome.
  Pablo de Arco Y Garrido, Maria Ramírez Chávez, Roland Viegas Feijó Pazos.
  Arco Y Garrido P, Ramírez Chávez M, Feijó Pazos RV.
- Árabes e chineses: não fazer inversão; manter a grafia como foi encontrada, pois essas culturas já invertem nome e sobrenome.
- Nomes de pessoas jurídicas: não fazer inversão; manter a grafia como foi encontrada.
- Nomes de órgãos estatais (empresas, conselhos, ministérios, etc.): não fazer inversão; manter a grafia como foi encontrada.
- Antes de nomes de ministérios brasileiros, inserir "Brasil". Após o nome do ministério, os órgãos hierarquizados podem ser citados, conforme indicação da fonte. Exemplo:
  Brasil. Ministério da Saúde. Secretaria de Vigilância em Saúde.
  Brasil. Ministério da Cultura. Instituto Brasileiro de Museus.
- Número de autores:
  Até seis autores – inserir todos.
  Acima de seis autores – inserir apenas o primeiro, com a informação et al.
  Exemplo:
  Silva MCZ et al.

TÍTULO DE DOCUMENTOS

Manter as palavras em letras minúsculas (caixa-baixa), com exceção de substantivos próprios e siglas, por exemplo:

Incorreto: A Verificação Da Pressão Arterial Em Adultos Com Amputação De Membros Superiores.

Correto: A verificação da pressão arterial em adultos com amputação de membros superiores.

ABREVIATURA DE DATAS

- Quando o nome do mês for grafado em português, seguir o padrão em letras minúsculas, com ponto final:
  jan., fev., mar., abr., maio, jun., jul., ago., set., out., nov., dez.
- Quando a referência for escrita em Inglês, usar inicial maiúscula para o nome do mês e não colocar ponto:
  Jan, Feb, Mar, Apr, May, Jun, Jul, Aug, Sep, Oct, Nov, Dec

Indicação de páginas iniciais e finais

Não repetir as casas centesimais ou decimais, caso já tenham sido descritas no número de página inicial. Exemplos:

Incorreto: 112-114.
Correto: 112-4.

Incorreto: 1239-1247
Correto: 1239-47.

ARTIGO DE PERIÓDICO IMPRESSO

Regras gerais:
- Os títulos abreviados de periódicos devem ser padronizados conforme a fonte escolhida, pois estas podem ser diferentes entre si:
  1. PubMed/Medline: http://www.ncbi.nlm.nih.gov/nlmcatalog/journals.
  2. Portal de Revistas da BVS: http://portal.revistas.bvs.br/index.php?lang=pt.
- Para o presente guia, utilizar a segunda fonte (Portal de Revistas da BVS), por apresentar mais títulos, inclusive em língua portuguesa.

Autor. Título do artigo. Título de periódico abreviado. Ano Mês abreviado Dia. Volume (número): página inicial-página final.

Exemplos:

Kravetz RE. Cupping glass. Am. j. gastroenterol. 2004 ago.;99(8):1418.

Nickerson M, Pollard M. Mrs. Chase and her descendants: a historical view of simulation. Creat. nurs. 2010;16(3):101-5.

Sanna MC. A estrutura do conhecimento sobre Administração em Enfermagem. Rev. bras. enferm. 2007 maio-jun.; 60(3):336-8.

Regras especiais:

- Inserir a informação de suplemento, parte ou número especial após o ano de publicação.
- Abreviações em português: supl, parte, esp.
- Utilizar apenas números arábicos.
- Data com suplemento:
  2005; supl:
  2005; supl 2:
  2005 jan.; supl:
- Data com parte:
  2004 jul.; (parte 2):
- Data com número especial:
  2003; esp:

Exemplo:

Santos DC, Ferraz FRS, Martinez ALBL, Parrera MML. Classificação das áreas de conhecimento do CNPq e o campo da Odontologia: possibilidades e limites. Rev. bras. odont. 2013 set.; 66 esp:60-5.

ARTIGO DE PERIÓDICO EXCLUSIVAMENTE ELETRÔNICO

Regras gerais:

- Utilizar estas regras para as revistas que possuem apenas versão digital.
- Títulos de periódicos abreviados: consultar o Portal de Revistas da BVS no link http://portal.revistas.bvs.br/index.php?lang=pt.
- Alguns periódicos não apresentam número de páginas, mas sim "telas". Desse modo, substituir a informação de páginas por:
  - ✓ [1 tela]: para artigos em formato .html;
  - ✓ [(quantidade de) telas]: para artigos em formato .pdf, mas que não apresentam paginação explícita.
  - ✓ Inserir o link exatamente como é exibido na barra de endereço do navegador da página.
  - ✓ Não utilizar versões curtas ou artificiais que substituam a versão original para o que o leitor possa visualizar todas as informações do link.

Autor. Título do artigo. Título de periódico abreviado.[Internet]. Ano Mês abreviado Dia [citado Ano Mês abreviado Dia]; Volume (número): página inicial-página final. Disponível em: endereço eletrônico do artigo.

Exemplos:

Marins ROM, Abreu FMY. Conhecimento de estudantes adolescentes acerca da malária. Mem. Inst. Butantan[Internet]. 2015 jan.-fev.[citado 2015 abr. 13];5(1):141-50. Disponível em: http://portal.revistas.bvs.br/index.php?issn=0073-9901&lang=pt.

Ferreira AS, Colarim MC. Produção do conhecimento sobre História do Biomédico na pós-graduação stricto sensu brasileira (1988-2015). Biomedicina (Montev.)[Internet]. 2014 ago.-dez.[citado 2015 abr. 13];5(2):146-68. Disponível em: http://portal.revistas.bvs.br/index.php?issn=1510-9747&lang=pt.

Santos GS, Cunha ICKO. Avaliação da qualidade de vida de mulheres idosas na comunidade. Rev. enferm. Cent.-Oeste Min[Internet]. 2014 maio-ago.[citado 2015 abr. 13];4(2):1135-45. Disponível em: http://www.seer.ufsj.edu.br/index.php/recom/article/view/593/749.

Vargas D, Luis MAV. Construção e validação de uma escala de atitudes diante do álcool, do alcoolismo e do alcoolista. Rev. latino-am. enferm[Internet]. 2008 set.-out. [citado 2014 out. 25];16(5):[8 telas]. Disponível em: http://www.scielo.br/pdf/rlae/v16n5/pt_16.pdf.

Regras especiais:
- Inserir a informação de suplemento, parte ou número especial após o ano de publicação.
- Abreviações em português: supl, parte, esp.
- Utilizar apenas números arábicos.
- Data com suplemento:
  2005;supl:
  2005;supl 2:
  2005 jan.;supl:
- Data com parte:
  2004 jul.;(parte 2):
- Data com número especial:
  2003; esp:

Exemplo:
Rocha AL, Vieira SI. Intervenções cirúrgicas em ligações arteriais esplênicas com fios absorvíveis. Rev. bras. angiol. cir. vasc.[Internet]. 2014 dez. [citado 2015 abr. 15];48: esp(parte 2):87-93. Disponível em: http://portal.revistas.bvs.br/index.php?issn=0102-8537&lang=pt.

LIVRO IMPRESSO

Regras gerais:
- Título e subtítulo devem ser separados por dois pontos.
- Não é necessário inserir a palavra "Editora", apenas o seu nome.
- Em livros antigos, em que há dúvidas sobre os dados bibliográficos, inserir a informação sem confirmação entre colchetes.

Autor. Título do livro: subtítulo do livro. Cidade de publicação: Editora; ano de publicação.

Exemplos:

Plobacion MJ, Unham ICO. Análises toxicológicas de metais pesados. São Caetano do Sul: Yendis; 2011.

Arone EM, Philippi MLS. Enfermagem médico-cirúrgica aplicada ao sistema respiratório. São Paulo: Senac São Paulo; 2001.

Possolo A. Curso de enfermeiros. [Rio de Janeiro]: Freitas Bastos; 1939.

LIVRO DIGITAL

Regras gerais:
- Título e subtítulo devem ser separados por dois pontos.
- Não é necessário inserir a palavra "Editora", apenas o seu nome.
- Em livros antigos, em que há dúvidas sobre os dados bibliográficos, inserir a informação sem confirmação em colchetes.
- Inserir link do livro eletrônico ("Disponível em:").

Autor. Título do livro: subtítulo do livro [internet]. Cidade de publicação: Editora; Ano de publicação [citado Ano Mês abreviado Dia]. Disponível em: link do livro eletrônico.

Exemplos:

Brasil. Ministério da Saúde. Fundação Nacional de Saúde. Manual de normas de vacinação[Internet]. Brasília: Fundação Nacional de Saúde; 2001[citado 2015 abr. 13]. Disponível em: http://bvsms.saude.gov.br/bvs/publicacoes/funasa/manu_normas_vac.pdf.

Conselho Regional de Farmácia do Rio Grande do Sul. Legislação e código de ética: guia básico para o exercício da gestão farmacêutica[Internet]. [Porto Alegre]: Conselho Regional de Farmácia do Rio Grande do Sul;[2012] [citado 2015 abr. 13]. Disponível em: http://www.portalcrf-rs.gov.br/docs/livro-codigo-etica.pdf.

Boschma G. The rise of mental health nursing: a history of psychiatric care in Dutch asylums, 1890-1920[Internet]. Amsterdam: Amsterdam University;2003 [citado 2015 abr. 13]. Disponível em: http://link.periodicos.capes.gov.br.ez74.periodicos.capes.gov.br/sfxlcl41?url_ver=Z39.88-2004&url_ctx_fmt=fi/fmt:kev:mtx:ctx&ctx_enc=info:ofi/enc:UTF-8&ctx_ver=Z39.88-2004&rfr_id=info:sid/sfxit.com:azlist&sfx.ignore_date_threshold=1&rft.object_id=111087028328334&svc.fulltext=yes.

Observação:

Há livros digitais que estão disponíveis na rede mundial de computadores de forma não autorizada pelo autor. Nesse caso, não indicar o link de acesso com autorização não confirmada e procurar um link de acesso autorizado.

CAPÍTULO DE LIVRO (IMPRESSO E DIGITAL)

Regras gerais:

- Se o capítulo do livro possui autoria própria, deve-se destacá-la, além do autor, organizador ou editor da obra completa.
- Se o capítulo do livro não possui autoria própria, fazer a referência como livro completo (ver item anterior).
- Referência de capítulos de livros devem ser acompanhadas de páginas inicial e final.

ELEMENTOS PÓS-TEXTUAIS

- Se forem utilizados dois capítulos de uma mesma obra, duas referências devem ser criadas, de modo que cada capítulo de livro citado no texto corresponda a uma referência distinta.
- Para documentos exibidos na internet, inserir a informação de link: "Disponível em:".

Versão impressa

Autor do capítulo. Título: subtítulo. In: Autor organizador, compilador ou editor da obra completa. Título: subtítulo. Cidade de publicação: Editora; Ano de publicação. Página inicial - Página final do capítulo.

Versão digital

Autor do capítulo. Título do capítulo: subtítulo do capítulo. In: Autor organizador, compilador ou editor da obra completa. Título: subtítulo [internet]. Cidade de publicação: Editora; Ano de publicação [citado Ano Mês abreviado Dia]. Página inicial - Página final do capítulo. Disponível em: link da obra completa.

Exemplos:

Madureira A. O estímulo à ocupação. In: Oguisso T. Fundamentos da Terapia Ocupacional. Campinas: British; 2007. p.98-119.

Mitchell PH. Defining patient safety and quality care. In: Hughes RG. Patient safety and quality[Internet]. Rockville: Agency for Healthcare Research and Quality (US);2008[citado 2015 abr. 13]. p.1-5. Disponível em: http://link.periodicos.capes.gov.br.ez74.periodicos.capes.gov.br/sfxlcl41?url_ver=Z39.88-2004&url_ctx_fmt=fi/fmt:kev:mtx:ctx&ctx_enc=info:ofi/enc:UTF-8&ctx_ver=Z39.88-2004&rfr_id=info:sid/sfxit.com:azlist&sfx.ignore_date_threshold=1&rft.object_id=3450000000002157&svc.fulltext=yes.

Rodrigues J. A Escola Paulista de Medicina entre tradição e modernidade (1933-1956). In: Rodrigues J, Nemi ALL, Lisboa KM, Biondi L. A Universidade Federal de São Paulo aos 75 anos: ensaios sobre história e memória[Internet]. São Paulo:Unifesp, 2008[citado 2015 abr. 13]. p.93-140. Disponível em: http://books.scielo.org/id/hnbsg.

TRABALHO IMPRESSO DE CONGRESSO

Regras gerais:

- Utilizar estas regras para trabalhos apresentados em eventos (seminários, encontros, congressos, painéis, etc.), seja nas diferentes formas de apresentações orais, seja nos anais publicados em formato não eletrônico, de modo que somente os documentos antigos utilizem a forma indicada no exemplo a seguir.
- Os organizadores podem ser descritos por pessoas físicas ou jurídicas.
- Evitar abreviações dos órgãos organizadores sem a devida descrição, mesmo que pareça óbvio.
- Não é obrigatório inserir o recorte de número de páginas.
- Para pôsteres impressos expostos em congressos, utilizar a regra de fotografia (ver p. 88).

Nome do autor. Título do trabalho: subtítulo. Trabalho apresentado em: Organizador do evento. Slogan do evento. Número do evento, nome do evento (Sigla); Ano de publicação Mês abreviado Dia inicial-Dia final; Cidade do evento, Sigla da Unidade da Federação, País; Cidade da publicação: Editor da publicação; Ano de publicação. Página inicial--Página final.

Exemplos:

Mendes GF et al. Idosos pós acidente vascular encefálico: intervenções de ingestão de espessantes. Trabalho apresentado em: Associação Brasileira de Fonoaudiologia. Fonoaudiólogos em Campo Hospitalar. 16, Seminário de Pesquisa em Fonoaudiologia (Senpefo);2013 jun. 19-22;Campo Grande, MS, Brasil;Brasília: Associação Brasileira de Fonoaudiologia;2013. p.1098-101.

ELEMENTOS PÓS-TEXTUAIS

Smith JF, Blanco L, Hochman U. Prevalência de grávidas obesas em atividade laboral. Trabalho apresentado em: Universidade Federal da Bahia (UFBA). 5, Simpósio Nacional de Nutrição e Dietética;2009 abr.-maio 30-01;Salvador, BA, Brasil;Salvador: Promo Art;2010.

TRABALHO DIGITAL DE CONGRESSO

Regras gerais:

- Utilizar estas regras para trabalhos apresentados em eventos (seminários, encontros, congressos, painéis, etc.), nas diferentes formas de apresentações orais, ou para anais publicados exclusivamente em formato eletrônico.
- Os organizadores podem ser descritos por pessoas físicas ou jurídicas.
- Evitar abreviações dos órgãos organizadores sem a devida descrição, mesmo que pareça óbvio.
- Não é obrigatório inserir o recorte de número de páginas.
- Para pôsteres digitais expostos em congressos, utilizar a regra de "Fotografia" (ver p. 88).
- Inserir a informação do suporte digital: CD-ROM, pen drive, página da internet ("Disponível em:").

Nome do autor. Título do trabalho: subtítulo. Trabalho apresentado em: Organizador do evento. Slogan do evento. Número do evento, nome do evento (Sigla); Ano de publicação Mês abreviado Dia inicial-Dia final; Cidade do evento, Sigla da Unidade da Federação, País; Cidade da Publicação: editor da publicação; Ano de publicação [citado Ano Mês abreviado Dia]. Página inicial-Página final. CD-ROM, Pen drive ou Disponível em: endereço do trabalho.

Exemplos:

Vincetini BB, Camatto VCL, Blanch MIB. O trabalho do odontólogo em creches municipais gaúchas: revisão da literatura. Trabalho apresentado em: Associação Brasileira de Odontologia - Seção Rio Grande do Sul. A Saúde Bucal como Movimento do Sistema Único de Saúde. 21, Congresso Brasileiro de Odontologia(CBO).

2010 out.-nov. 29-01;Porto Alegre, RS, Brasil;Brasília: Associação Brasileira de Odontologia;2010[citado 2015 abr. 10]. p.341-7. CD-ROM.

Fachin AI, Guilhermina AS, Thomas PR. Habilidade no manuseio do dispositivo bolsa-válvula-máscara pelos médicos residentes de um setor de atendimento pediátrico[Internet]. Trabalho apresentado em: Campelo SF. 2, Congresso Internacional de Emergência do Hospital Longman Bahauss; 2014 out. 3-6;Natal, RN, Brasil;Natal: Instituto de Ensino e Pesquisa do Hospital Longman Bahauss;2014[citado 2015 abr. 10]. p.70. Disponível: www.illawarraaristoteles.com. br/story/3538306/congressointernacionaldeemergencia-pediatria/?cs=300.

TRABALHO DE CONCLUSÃO DE CURSO, TESE E DISSERTAÇÃO IMPRESSOS

Regras gerais:

- Inserir o número de páginas do documento indicado na última página numerada ou na ficha catalográfica do documento.
- Indicar o nome da instituição de ensino por extenso, evitando a abreviação ou sigla.
- Indicar o nome da instituição exatamente como consta no documento original, mesmo que ela tenha atualmente outro nome.
- Utilizar estas regras para documentos de pós-doutorado, livre-docência, etc., inserindo a informação sobre o tipo de documento entre colchetes.

Autor. Título: subtítulo [trabalho de conclusão de curso, dissertação de mestrado ou tese de doutorado]. [Cidade (Sigla da Unidade da Federação)]: Nome da Universidade, Departamento; ano. Número de páginas.

Exemplos:

Cerqueira LO. Auditoria em análises clínicas[tese de livre-docência]. [Florianópolis(SC)]: Universidade Estadual de Santa Catarina, Faculdade de Ciências Farmacêuticas; 1968. 158p.

Ritch VR. Adaptações da dança terapêutica aplicada em crianças autistas: usos na Terapia Ocupacional[tese de doutorado]. [Rio de Janeiro(RJ)]:Universidade Federal do Rio de Janeiro, Escola de Terapia Ocupacional; 2013. 221p.

TRABALHO DE CONCLUSÃO DE CURSO, TESE E DISSERTAÇÃO DIGITAIS

Regras gerais:
- Inserir o número de páginas do documento indicado na última página numerada ou na ficha catalográfica do documento.
- Indicar o nome da instituição de ensino por extenso, evitando a abreviação ou sigla.
- Indicar o nome da instituição exatamente como consta no documento original, mesmo que ela tenha atualmente outro nome.
- Utilizar estas regras para documentos de pós-doutorado, livre-docência, etc., inserindo a informação sobre o tipo de documento entre colchetes.
- Para documentos exibidos na internet, inserir a informação de link:"Disponível em:".

Autor. Título: subtítulo [trabalho de conclusão de curso, dissertação de mestrado ou tese de doutorado][internet]. [Cidade (Sigla da Unidade da Federação)]: Nome da Universidade, Departamento; ano [citado Ano Mês abreviado Dia]. Número de páginas. Disponível em: link do documento.

Exemplos:
Fonseca LIR. Qualidade de vida de surdos oralizados em uma comunidade adolescente: uma visão da fonoaudiologia[tese de doutorado][Internet]. [Palmas(TO)]: Universidade de Tocantins, Escola de Saúde; 2013[citado 2015 abr. 23]. 150p. Disponível em: http://www.teses.ufto.br/teses/disponiveis/22/22133/tde-11052007-16444/pt-br.php.

Romanini DN. Acidentes laborais no momento da aspiração orotraqueal: relatos de fisioterapeutas em unidades de terapia intensiva[trabalho de conclusão de curso de graduação][Internet]. [Boa Vista(RR)]: Universidade Estadual de Roraima; 2014[citado 2015 abr. 23]. 178p. Disponível: http://www.lume.uerr.br/bitstream/handle/108983/67153/000872855.pdf?sequence=1.

ARTIGO DE JORNAL IMPRESSO

Regras gerais:
- Os nomes dos jornais devem ser colocados por extenso, evitando abreviações.
- Quando disponíveis, inserir informações complementares de seções, cadernos, suplementos, etc.
- Indicar em qual coluna a notícia está inserida na página.
- Somente a página inicial deve ser indicada.

Autor-Jornalista. Titulo da matéria. Nome do jornal. Ano Mês abreviado Dia: Seção: Página inicial(col.número).

Exemplos:
Figueiredo JL. Fisioterapeutas na luta contra as sequelas da Hanseníase. Folha Universitária do Espírito Santo. 2007 abr. 25:Notícias da Universidade Federal do Espírito Santo:5(col.2).

Kenh G. Consumo de vitaminas e influência dos programas vespertinos femininos veiculados na televisão aberta brasileira: entrevistando o nutricionista Fábio Collin Delmin. Folha Nacional de Saúde. 2015 abr. 25-26:Fundação Nacional Pró-Nutrição:1(col.3).

ARTIGO DE JORNAL DIGITAL

Regras gerais:
- São considerados jornais digitais somente os periódicos regulares, com data de publicação e nome do responsável pela matéria (pessoa física ou jurídica).

- Para notícias publicadas na internet em páginas de empresas, institutos de ensino e outros órgãos que não representem boletins ou periódicos regulares, sem data de publicação e sem responsável pela matéria, utilizar o modelo de página da internet (ver abaixo).
- Na ausência do nome do autor, inserir o nome do jornal.
- Os nomes dos jornais devem ser colocados por extenso, evitando abreviações.
- Quando disponíveis, inserir informações complementares de edições, seções, cadernos, suplementos, etc.
- Indicar em qual coluna a notícia está inserida na página.
- Somente a página inicial deve ser indicada.

Autor-Jornalista. Título da matéria. Nome do jornal[Internet]. Ano Mês abreviado Dia[citado Ano Mês abreviado Dia]: Seção: Página inicial(col.número). Disponível em: link da página.

Exemplos:
Folha de Notícias de Macapá. Verbas públicas destinadas à prevenção de cárie preocupam cirurgiões-dentistas do Estado do Amapá[Internet]. 2015 abr. 15[citado 2015 abr. 23]. Ciência. Disponível em: http://www.folhanm.com.br/ciencia/2015/04/161696-caries-politicas.shtml.

Conselho Regional de Medicina. Seção Rondônia. Médico hematologista esclarece dúvidas sobre a doação de sangue em grande veículo televisivo de Rondônia. CRM-RO[Internet].2013 dez.[citado 2015 abr. 23];33:4. Disponível em: http://issuu.com/crmro/docs/informativo_dez_2013/8?e=18478831/5967752.

PÁGINA DA INTERNET
Regras gerais:
- Utilizar estas regras para homepages, páginas apresentadas em menus de instituições, empresas, associações, entre outros.

- Não utilizar para outros formatos digitais, como livros, artigos de periódicos e jornais, teses, dissertações, trabalhos de congressos, etc.
- Testar os links descritos para garantir que estejam corretos e disponíveis.
- O título da página fica disponível na barra de título dos navegadores.
- A informação de atualização da página não é obrigatória.

Nome do autor. Título da página: subtítulo da página [Internet]. Cidade (Sigla da Unidade da Federação): Nome da instituição, empresa ou associação; Ano Mês abreviado Dia[atualizado Ano Mês abreviado Dia; citado Ano Mês abreviado Dia]. Disponível em: link da página.

Exemplos:
Conselho Nacional de Estudantes de Biomedicina. Dicas sobre o Comitê de ética em pesquisa aplicada a animais[Internet]. Aracaju(SE): Blog do Conselho Nacional de Estudantes de Biomedicina; 2014-2015[citado 2015 abr. 23]. Disponível em: http://www.bloguniversal.conebio.br/cep/.

Centro de Estudos e Pesquisas sobre História da Enfermagem. Cephe Brasileiro: Facebook[Internet]. São Paulo(SP): Centro de Estudos e Pesquisas sobre História da Enfermagem; [2014][citado 2015 abr. 23]. Disponível em: https://www.facebook.com/cephe.brasileiro.

DOCUMENTOS LEGAIS IMPRESSOS E DIGITAIS
Regras gerais:
- Se a legislação estiver em formatos específicos, seguir a regra do formato:
  - ✓ para legislação retirada de livro, utilizar referência de livro (ver p. 75);
  - ✓ para legislação retirada de página da internet, utilizar referência de página da internet (ver p. 83);
  - ✓ para legislação retirada de jornal, utilizar referência de jornal (ver p. 82);
  - ✓ para legislação retirada de CD-ROM, utilizar referência de CD-ROM (ver p. 89).

✓ para legislação em formato de patentes, utilizar o modelo do item a seguir.

PATENTE IMPRESSA E DIGITAL

Patente impressa
Nome do inventor, inventor; depositante, consignatário. Título. País da patente, código do país número da patente. Ano Mês abreviado Dia do depósito. Idioma da patente (para idiomas diferentes do inglês).

Patente digital
Nome do inventor, inventor; depositante, consignatário. Título. País da patente, código do país número da patente[Internet]. Ano Mês abreviado Dia do depósito[citado Ano Mês abreviado Dia]. Idioma da patente (para idiomas diferentes do inglês).

Exemplos:
Willsmith CR, Taylor HE, inventors; Rayen MO, assignee. Intravenous pump needle for neonatal C40, with iron design. United Kingdom patent GB 2 416 398. 1998 mar. 17.

Lemos OPJ, Unman TE, Silva VKL, inventores; Biofarmacy Company Ltda., consignatário. Revestimento composto de polissacarídeo em base de glicose invertida para bioproteção dermatológica para camada subcutânea exposta[Internet]. Brazil patent BR 3 345 866. 2014 jul. 21[citado 2015 maio 07]. Portuguese. Disponível em: http://www.inpi.gov.br/sobre/arquivos/polissacar%C3%ADdeoinvertido_BR3345866_3_87_jan_2013-1.pdf/view.

MANUSCRITO IMPRESSO E DIGITAL
Regras gerais:
- Utilizar para todos os documentos que atendam a qualquer um dos seguintes critérios:

- ✓ Estejam escritos ou desenhados.
- ✓ Estejam digitados ou escritos à mão.
- ✓ Não estejam publicados, ou seja, não constem em livros com número de ISBN, periódicos com número de ISSN, CD-ROMs com ISBN ou ISSN.
- ✓ Não estejam em páginas de internet (homepages, blogs, rede social, etc.).
- ✓ Não sejam cartas ou e-mails (ver p. 87).
- Geralmente o manuscrito é o documento administrativo guardado em arquivo pessoal ou institucional, ainda não publicado.
- Para fotografias (cenas, caricaturas, pôsteres e artes gráficas), utilizar referência para fotografias (ver p. 88).
- Quando o manuscrito não tiver um título explícito, criar um título representativo entre colchetes. Exemplo: [Contas das anuidades 1998].
- Quando o manuscrito não tiver o ano explícito expresso, utilizar a década aproximada, substituindo o algarismo do ano por um traço (-). Exemplos:
  - ✓ para um documento criado na década de 1930, utilizar [193-];
  - ✓ para um documento criado na década de 1890, utilizar [189-].
- A localização de um documento deve conter, se possível, as seguintes informações, nesta ordem: nome da instituição ou empresa, endereço (rua, número, bairro, cidade, estado, país), setor ou departamento, andar ou pavimento, número ou nome da sala, armário ou gaveta, número do arquivo (se ele foi profissionalmente arquivado).

Autor. [Título do manuscrito aproximado]. [Ano aproximado]. Localizado em: Nome da instituição ou empresa, Endereço (rua, número, bairro, cidade, estado, país), Setor ou departamento, andar ou pavimento, número ou nome da sala, armário ou gaveta. Número do arquivo (se ele foi profissionalmente arquivado).

Exemplos:
Hospital da Universidade Federal de Mato Grosso. [Prova de seleção para o cargo de farmacêutico-bioquímico do Laboratório Geral]. 2003 mar. Localizado em: Hospital da Universidade Federal de Mato Grosso, Rua Napoleão Nabuco, 878 – Campus Central, Cuiabá, MT, Setor de Educação Permanente, subsolo, sala 3, armário 3, gaveta 6.

Instituto Nacional Pró-Hemotransfusão. Saiba mais sobre a doação de medula óssea: tenha uma atitude generosa. [201-]. Localizado: Arquivo Central do Ministério da Saúde, Av. Paulista, 1842, Cerqueira César, São Paulo, segundo andar, Box 5, gaveta 908. SE9088B.

CARTA IMPRESSA OU DIGITALIZADA

Regras gerais:
- Utilizar esta regra também para cartas que foram digitalizadas e que estão vinculadas a instituições de ensino, empresas, etc.
- Não utilizar esta regra para e-mail ou fóruns de discussão (ver abaixo).

Autor(departamento, instituição, nível acadêmico). Carta para: destinatário (departamento, instituição, nível acadêmico). Ano Mês abreviado Dia. Número de folhas. Localizado em: endereço (rua, número, bairro, cidade, estado, país), setor ou departamento, andar ou pavimento, número ou nome da sala, armário ou gaveta, número do arquivo (se ela foi profissionalmente arquivada).

Exemplo:
Costa VY(Departamento de Terapia Ocupacional, Escola de Clínicas, Universidade Federal da Paraíba, doutora). Carta para: Mezzel UJ(Departamento de Saúde, Faculdade de Medicina, Universidade de Mato Grosso do Sul, mestre). 1996 abr. 23. 6 folhas. Localizado em: Universidade Federal de Mato Grosso do Sul, Faculdade de Ciências Médicas, Avenida Roraima, nº 1000, Campo Grande, Mato Grosso do Sul, Biblioteca, térreo, central administrativa, armário inferior, gaveta 3, pasta 45.

E-MAIL

Regras gerais:
- Utilizar esta regra para comunicações eletrônicas não publicadas.
- Indicar o número de parágrafos da mensagem.

Autor. Título da mensagem[internet]. Mensagem para: destinatário da mensagem. Ano Mês abreviado Dia da mensagem[citado Ano Mês abreviado Dia]. [Número de parágrafos].

Exemplo:
Sampaio UIL. Novas submissões para a revista Terapia Ocupacional[Internet]. Mensagem para: Sociedade Brasileira de Reabilitação em Saúde. 2012 set. 24[citado 2015 maio 10]. [6 parágrafos].

FOTOGRAFIA

Regras gerais:
- Utilizar estas regras para documentos em formato de cenas, caricaturas, pôsteres e artes gráficas.
- Geralmente as fotografias não possuem títulos próprios. Quando isso ocorrer, inserir um título aproximado em colchetes.
- Inserir informação de colorido (color.) ou preto e branco (preto & branco).
- Inserir informação de tamanho, mesmo para fotografias digitais.
- Utilizar estas regras tanto para pôsteres de filmes quanto para pôsteres de congressos de encontros científicos.

Nome do fotógrafo ou ilustrador, se houver.[Título aproximado do conteúdo]. Cidade de publicação ou exposição(Unidade da Federação): local de apresentação ou guarda, número do congresso, nome do congresso; ano de publicação. Quantidade de fotografias: color. ou preto & branco: dimensões em centímetros.

Exemplos:
[Aplicação de manobras de alívio de dores musculares em membros inferiores]. Natal(RN): Banco de Imagens, Faculdade de Fisioterapia, Universidade Federal do Rio Grande do Norte; 2003. 10 fotografias: color.: 20 x 15cm.

Martins RLA. Absenteísmo de enfermagem em uma unidade de hemotransfusão. Porto Alegre(RS): 65, Congresso Brasileiro de Enfermagem; 2010. 1 pôster: color.; 90 x 120cm.

AUDIOVISUAL

Regras gerais:

- Utilizar estas regras apenas para informações gravadas em áudio (música, entrevista oral publicada, narração, podcasts, MP3, etc.) e imagens em movimento (filmes, documentários, animações, etc.).
- Os suportes são os videocassetes, fitas K-7, videodiscos, discos de vinil, películas, CD-ROMs, CDs de música, pen drives, hard disks, etc.
- Não confundir o tipo de documento (livro, periódico, patente, etc.) com o suporte físico – local em que ele é guardado (CD-ROM, pen drive, hard disk, servidor de internet). Assim:
  - ✓ para livro em áudio gravado em CD, utilizar o modelo de livro digital (ver p. 75), e não de audiovisual (documento: livro; suporte: CD);
  - ✓ para vídeo disponibilizado no YouTube, utilizar o modelo de página da internet (ver p. 83), e não de audiovisual (documento: página da internet; suporte: servidor do YouTube). Note que, ao trazer a página da internet, não apenas o vídeo é carregado, mas também outras informações, tais como comentários de usuários, sugestões de outros vídeos, comerciais, etc. Desse modo, vídeos na internet dificilmente podem ser considerados documentos audiovisuais, mas sim documentos multimídia ou híbridos (elementos audiovisuais combinados com elementos textuais).

Autor. Título[suporte do documento audiovisual]. Cidade de publicação(Unidade da Federação): Editor; Ano de publicação. Quantidade de suportes: informações técnicas sobre a imagem e o som (sonoro, cor, preto e branco, arquivo em .mpeg, .wav, etc.).

Exemplos:

Marchi J. Nutrition disorders: guidelines for health professionals[DVD]. Rio de Janeiro(RJ): Miramar Filmes; 2003. 2 DVDs: sonoro, preto e branco.

[American Dentistry Association]. Dentists in War[pendrive]. Pasadena(CL): Voyage Int.; 1988. 1 pen drive: sonoro, cor, em arquivo .mpeg.

ELEMENTOS PÓS-TEXTUAIS

REFERÊNCIAS

1. Arone EM, Philippi MLS. Enfermagem médico-cirúrgica aplicada ao sistema respiratório. São Paulo: Senac São Paulo; 2001.

2. Santos DC, Ferraz FRS, Martinez ALBL, Parrera MML. Classificação das áreas de conhecimento do CNPq e o campo da Odontologia: possibilidades e limites. Rev. bras. odont. 2013 set.;66esp:60-5.

3. Santos GS, Cunha ICKO. Avaliação da qualidade de vida de mulheres idosas na comunidade. Rev. enferm. Cent.-Oeste Min[Internet]. 2014 maio-ago.[citado 2015 abr. 13];4(2):1135-45. Disponível em: http://www.seer.ufsj.edu.br/index.php/recom/article/view/593/749.

MODELO

ELEMENTO
OBRIGATÓRIO

GLOSSÁRIO

(elemento opcional)

O glossário é uma lista alfabética de termos técnicos de uma determinada área do conhecimento, que explica conceitos de forma detalhada. As fontes de consulta devem ser inseridas no final da lista, na referência. Esta parte segue a mesma formatação dos elementos textuais.

ELEMENTOS PÓS-TEXTUAIS

GLOSSÁRIO

Enfermagem neonatal: Especialidade da enfermagem que lida com o cuidado necessário às crianças recém-nascidas durante as primeiras quatro semanas após o nascimento.

Enfermagem pediátrica: Especialidade da enfermagem que abrange cuidados com as crianças desde o nascimento até a adolescência. Inclui os aspectos psicológicos da atenção de enfermagem.

Neonatologia: Subespecialidade da pediatria voltada para a criança recém-nascida.

Pediatria: Especialidade médica voltada para a manutenção da saúde e para os cuidados médicos relacionados às crianças desde o nascimento até a adolescência.

REFERÊNCIA

Biblioteca Virtual em Saúde. Descritores em Saúde[Internet]. São Paulo (SP): BVS;2015 [citado 2015 maio 10]. Disponível em: http://decs.bvs.br/P/DeCS2015_Alfab.htm.

MODELO

ELEMENTO
OPCIONAL

APÊNDICE

(elemento opcional)

Os apêndices são documentos criados exclusivamente para determinada pesquisa pelo seu próprio autor. Desse modo, são documentos inéditos.

Recomenda-se que os apêndices sejam inseridos no formato de imagem (.jpg), em resolução adequada, para evitar alterações.

Quando há mais de um apêndice, estes devem ser inseridos separadamente em cada página, com indicação de números arábicos (APÊNDICE 1, APÊNDICE 2, APÊN-DICE 3...).

No SUMÁRIO do trabalho final, não há especificação de número, mas apenas o seu conjunto, sem nomear cada um deles ou descrever o seu conteúdo (APÊNDICES).

ELEMENTOS PÓS-TEXTUAIS

APÊNDICE 5

ROTEIRO DE ENTREVISTA

1. Conte os primeiros sintomas de sua doença.
2. Qual foi sua reação ao receber o diagnóstico médico de sua doença?
3. Como foi a reação de sua família ao saber de sua doença?

MODELO

ELEMENTO
OPCIONAL

ANEXO

(elemento opcional)

Os anexos são documentos administrativos produzidos por instituições e não fazem parte dos elementos textuais.

Nessa categoria, podem ser incluídos certificados, pareceres de comitê ético, atestados, etc. Desse modo, os anexos são documentos formais que podem ser consultados em outras fontes.

Não devem ser utilizados fragmentos de textos e ilustrações que fazem parte de referências bibliográficas, pois estes são considerados elementos textuais. Em outras palavras, se possui referência, não é anexo.

Recomenda-se que os anexos sejam inseridos no formato de imagem (.jpg), em resolução adequada, para evitar alterações.

Quando há mais de um anexo, estes devem ser inseridos separadamente em cada página, com indicação de números arábicos (ANEXO 1, ANEXO 2, ANEXO 3...).

No SUMÁRIO do trabalho final, não há especificação de número, mas apenas o seu conjunto (ANEXOS).

ANEXO 3
CERTIFICADO DE APRESENTAÇÃO DE TRABALHO EM CONGRESSO

CONSIDERAÇÕES FINAIS

A formatação de trabalhos científicos na norma Vancouver não obedece a parâmetros muito diferentes do que os adotados nas demais normas; contudo, é necessário ter atenção aos detalhes para que se construa um todo harmônico que permita atender ao escopo da padronização da comunicação, ou seja, alcançar o leitor e atender às suas expectativas de entendimento do que se quis comunicar.

Como qualquer norma, esta também é passível de diferentes interpretações, e isso pode requerer a adaptação do texto para contemplar exigências que cada usuário da norma decidiu fazer em consequência de sua interpretação. Então, ao finalizar o trabalho acadêmico, a etapa seguinte e desejável – a publicação da obra – poderá exigir a adequação da formatação ao que é praticado pelo veículo escolhido para concretizar esse desejo, já que os periódicos científicos que usam essa norma estabelecem exigências que podem variar em seus elementos estruturais. Geralmente esses periódicos exibem sua versão adaptada da norma, que deve ser consultada com atenção para que seu detalhamento possa ser compreendido e aceito.

A área de ciências da saúde tem preferência por essa norma, mas seu uso não é restrito a esse segmento.

Como qualquer padronização, ela possui limites e potencialidades e, mais do que isso, costuma ser revista periodicamente, o que obriga a atualização dos usuários para considerar eventuais mudanças. Foi com esse objetivo que este livro foi escrito, no intuito de ser uma ferramenta de apoio prática e fácil de usar, para ajudar a atender ao que é prescrito pela norma, de forma a conquistar o sucesso.

REFERÊNCIAS

Associação Brasileira de Normas Técnicas. NBR 10520: Informação e documentação – Citações em documentos – Apresentação. Rio de Janeiro: ABNT; 2002.

Associação Brasileira de Normas Técnicas. NBR 14724: Informação e documentação – Trabalhos acadêmicos – Apresentação. Rio de Janeiro: ABNT; 2011.

Associação Brasileira de Normas Técnicas. NBR 6023: Informação e documentação – Referências – Elaboração. Rio de Janeiro: ABNT; 2002.

Associação Brasileira de Normas Técnicas. NBR 6024: Informação e documentação – Numeração progressiva das seções de um documento. Rio de Janeiro: ABNT; 2012.

Associação Brasileira de Normas Técnicas. NBR 6027: Informação e documentação – Sumário – Apresentação. Rio de Janeiro: ABNT; 2012.

Associação Brasileira de Normas Técnicas. NBR 6028: Informação e documentação – Resumos – Apresentação. Rio de Janeiro: ABNT; 2003.

Associação Brasileira de Normas Técnicas. NBR 6034: Informação e documentação – Índice – Apresentação. Rio de Janeiro: ABNT; 2004.

Instituto Brasileiro de Geografia e Estatística. Normas de apresentação tabular. Rio de Janeiro: IBGE; 1993.

Patrias K. Citing medicine: the NLM style guide for authors, editors, and publishers [internet]. Bethesda: National Library of Medicine; 2007[atualizado 2011 set. 15; citado 2015 maio 20]. Disponível em: http://www.nlm.nih.gov/citingmedicine .

Este livro foi composto com as fontes Myriad Pro,
impresso em papel offset 90 g/m^2 no miolo e cartão supremo 250 g/m^2 na capa,
nas oficinas da Gráfica e Editora Serrano Ltda., em agosto de 2016.